连接当下

李仲轩 著

北京日报出版社

图书在版编目（CIP）数据

连接当下 / 李仲轩著. — 北京：北京日报出版社，
2023.12

ISBN 978-7-5477-4730-8

Ⅰ.①连… Ⅱ.①李… Ⅲ.①人生哲学－通俗读物
Ⅳ.①B821-49

中国国家版本馆CIP数据核字（2023）第219279号

连接当下

出版发行： 北京日报出版社

地　　址： 北京市东城区东单三条8-16号东方广场东配楼四层

邮　　编： 100005

电　　话： 发行部：（010）65255876
　　　　　　总编室：（010）65252135

印　　刷： 三河市中晟雅豪印务有限公司

经　　销： 各地新华书店

版　　次： 2023年12月第1版
　　　　　　2023年12月第1次印刷

开　　本： 880毫米×1230毫米　1/32

印　　张： 6

字　　数： 100千字

定　　价： 68.00元

1

让自己受苦的，

不是外在的世界，

是自己的想法。

无论是家庭、事业，还是金钱，方方面面，

如果自己不让自己受苦，

谁都无法带给自己痛苦。

了解自己的想法，

接纳自己的想法，

尊重自己的想法，

感恩过去的经历，

这些是让自己真正快乐的源头。

2

幸福从来都不是独立存在的，

它是伴随着苦难而来的。

就像深入海底才能发现平静一样，

深入苦难才能见到幸福的真相。

3

~~~

一天从早到晚，

一生从生到死。

一天即一生。

一天有早上、中午、下午、晚上。

小孩刚出生就像早上，

太阳越升越高，人就到了中年；

慢慢地太阳开始下落，人也到了老年；

接近黄昏，人也老眼昏花了；

夜晚来临，人也将离开人世间。

天有阴晴雨雪，

人有喜怒哀乐。

每一天都不一样，

每个人都是独一无二的。
科学已可预测天气情况，
但人的命运全然未知，
这说明命运要靠自己创造。

一天如果没有什么意义，
一生也就没有什么意义。
一天之中无论发生什么，
自己都完全接纳，
慢慢地，就接纳了一生。

4

我们每天在灯红酒绿里、高楼大厦间匆匆追寻。
只有难过的时候，才会想起来照顾一下自己。
我们好像遗忘了什么？
我们遗忘了生命。

可能每个人都想等到所有事情完成之后，
再来照顾生命，
所以生命一直等在那里。

当哪天你开始看到了它，
就遇到了真实自己。

5

水可以变成气，可以变成冰，也可以变成雾，
每一个状态里都有水，本质都是水。

自己也一样，有各种面相，
每一个面相里都有真实的自己。

对任何事情的发生都要感恩和尊重，
任何的评判、抱怨，都是自我伤害。
去感恩、去接纳、去尊重发生的一切。

6

走慢一点儿，等一等自己。

等一等，那个过去受伤的自己。

等一等，那个还没有适应现在的自己。

等一等，那个还觉得没有长大的自己。

等一等，那个面对事情还紧张不安的自己。

等一等，那个面对新鲜好玩的东西还不敢尝试的自己。

等一等，还没有搞明白就前行的自己。

走慢一点儿，等一等自己。

等一等，那个成功了还没有来得及享受的自己。

等一等，那个想好好地放松一下，全然自由的自己。

走慢一点吧，等一等自己。

7

努力只想让自己获得一个结果，

而这个结果只是下一个结果的起点，

原来一切都只是一个过程。

如果生命没有终点，

就不会再那么渴望获得一个结果了。

因为，享受每一刻才是想要的结果。

8

远方就在当下，

别人就是自己。

你有爱，世界就有爱，

你幸福，身边人就幸运。

如果不能接纳世界，

就无法真正接纳自己。

距离、他人、世界，是对自己最好的试金石。

自己有内在一面，也有外在一面，

自己是自己，也是世界。

外在一切事物都能照见自己的内在。

除了向内寻找答案，

也要接纳外在的一切。

9

意识跟随念头。

我们的头脑中每天有各种各样的念头，
意识会随着念头一会儿流向这里，
一会儿流向那里，
搞得我们心力交瘁。

如果十年如一日地认定一个念头，
意识就会把所有的能量集中到这一个念头上。
这也是很多成功人士取得成就的原因，
这叫念念不忘，必有回响。

10

痛苦源于过度保护，

突破了痛苦与恐惧，

就解脱了、自由了。

一个新生的婴儿，

要钻出母亲的身体，

才能迎来新的生命。

一个内心遇到困难的成人，

也要突破身体与心理，

才能获得重生。

身体是有知觉的，

当遇到困难时，

为了保护自己，会慢慢关闭感官。

但想突破身体与心理的疼痛，

就要唤醒身体的感官，

活出全新的自己。

去感受全然的自由。

11

得到意味着失去，

得到了金钱，失去了健康。

得到了工作，失去了自由。

得到了安稳，失去了斗志。

有得就会有失。

但失去也意味着得到，

失去了束缚，得到了解脱。

失去了探险，得到了安全。

失去了时间，得到了生存的物质条件。

无论得到或失去，

都不是真正的得到与失去，

而是驱使人们前行的鞭子。

如果可以珍惜当下、热爱当下，
那就不存在得到，也没有失去。

12

~~~

如果一个人，认定了自己贫穷，

富裕想从任何方面出现，

都会受到打压。

比如有人说，你的孩子很优秀，你会反驳说，但很调皮。

比如有人说，你的衣服很好看，你会反驳说，但很便宜。

比如有人说，你看起来红光满面，你会反驳说，但最近发生了好多糟心事。

不承认幸福，总是喊着命苦，

最后把自己折磨得遍体鳞伤。

不要去打压美好，

活出更精彩的人生。

13

～～～

人生是一个不断放下的过程，

放下名利，放下爱恨，

放下得失，放下疼痛。

当全都放下就完整圆满了。

若是抓住什么不肯放手，那么它就会反过来控制自己。

名利，爱恨，得失，疼痛都是在束缚自己，使自己不

能自由自在。

就像成长是为了放下保护，

明白自己本是安全的，不需要通过外在来保护自己。

14

〰〰

一幅画中，有各种颜色，有各种笔墨，

有山，有水，有树，有鸟，也有留白。

在这样的一幅画中，

抹掉任何一种元素都不可以，

每一种元素加在一起构成了这幅完美的画。

生命就像一幅画，

当举起画笔开始画的时候，就是生命诞生的时刻。

当画作完成，就是走完了一生。

画作中的颜色，就是我们的情绪；

画作中的笔墨，就是我们的骨架；

画作中的留白，就是我们的灵性；

画纸就是我们整个身体。

那么，我是什么？
不是纸，不是笔，不是颜色。
我是这幅画的主导者。
是能量，是意识，是觉知。
我是一切。

15

〜〜〜

当我们做得不好的时候，

内心会感到羞愧，

甚至会把这份羞愧压抑在心里，不再提起，

但越是压抑，你就会感到越难受。

如若坦然面对，

感受到的就是自然、平静、舒心。

所以，当遇到羞愧、愤怒与恐惧，

就去直面它、接纳它。

经历完这些之后，

你的胸怀就会从此打开。

16

想要快乐，感受到的却是痛苦；
想要成功，感觉到的却是迷茫；
想要自由，感受到的却是束缚。

快乐、成功、自由，
是顺其自然的结果，
只有去经历那些痛苦、迷茫、束缚，
结果才会绽放。

17

〜〜〜

无论是快乐还是痛苦，

都要学会与其共处，

这是成为自己最重要的法门。

发生的一切，

都是助你寻找自己的平衡中心。

偏左偏右，偏前偏后，

都是为了最终回归到中心。

只有安静下来感受自己，

才会找到自己的平衡。

当不再执着，

就回归了自己的中心。

18

金钱也需要被尊重。

然而，这种说法，并不是每个人都知道和理解的。

许多人不知道如何看待金钱、怎样尊重金钱。

就像在比谁家的孩子更优秀一样，

总是在比谁挣的钱更多。

如果不了解孩子的特性，怎么教育孩子?

如果不了解金钱的特质，怎么和金钱相处?

理解了金钱的特性，

知道如何更好地运用金钱，

才能让自己更自由、更富足、更淡然。

19

～～～

想要幸福，却得到不幸；

想要成功，却得到失败；

想要安全，却得到不安。

一辈子都在追求自己想要的，

却可能一辈子也没有追求到。

为什么总也追求不到自己想要的东西？

因为"想要"是一个"还没有"的状态，

"没有"的状态只会创造"没有"的结果。

有句话叫吃得苦中苦，方为人上人。

还有句话叫想要人前显贵，就得人后受罪。

这就是受苦的信念。

知道自己想要的，

尊重过去经历的，

活出自己的本色。

20

～～～

去听一场演唱会，

第二天会感觉有点儿累；

去看一场精彩的电影，

接下来会有些疲惫；

工作一天回来，

会感到筋疲力尽。

追逐是一场交换，

是在用生命交换。

然而很多人依然在追逐，

追逐着梦想，追逐着快乐。

如果能活在当下，

生命会召唤我们的，

梦想会找到我们的。

一切都会来到我们的身边。

感受生命的指引，

一切自然而然地形成，

自然而然地发生。

21

～～～

醒来，

就是看见、听见、感受到。

花就在那里，

只等你的到来，

去闻它的味道，

花醒了。

世界就在那里，

只等你的到来，

你看见了它，它也看见了你，

世界醒了。

令你惊艳的人就在那里，

只等你的到来，

你看见她，她看见你。

伟大的创意，就在那里，

只等人们的发现，

美味的佳肴，高深的秘密，

只等人们的光顾。

还有自由、幸福、圆满、创新，也在等待，

等待着你醒来，

渴望被你看见！

多少个千年，

多少个万年啊，

你终于出现了，

终于来了。

醒来吧，

醒来吧，

希望在呼唤你。

22

每种遇见都是经历，

酸的甜的，苦的辣的，热的冷的，

喜欢的，讨厌的，放松的，紧张的，

都是自己的经历。

去吧，

活出生命的精彩，

活出生命的无限。

想吃就吃一点，好好地吃，

让味蕾尽情绽放；

想玩就玩一下，好好地玩，

让身心尽情释放。

想花钱就把钱花掉吧，
去体验拥有的快乐；
有喜欢的就大胆表白吧，
去学会爱与表达。

生命永远在呼唤爱。

23

当下就是自己最真实的样子。

去看看自己的房间是什么样的，
自己就是什么样的；
去看看身边的人是什么样的，
自己就是什么样的；
去看看自己的事业是什么样的，
自己就是什么样的；
去看看自己的孩子是什么样的，
自己就是什么样的。

我们用语言文字描述自己的家庭、事业、孩子，
它们就会成为我们描述的样子。
你看到，人们的事业成功了，家庭幸福了，身体健

康了。

你听到，人们都在充满祝福的世界里越来越好。

你感觉到了无限的爱，

你感觉到了自由自在，

慢慢地，你活成了自己看到、听到的样子。

未来在当下，

当下是一切，

和当下连接，就是和生命连接。

24

∽∽∽

当下是圆满的，

当下是完整的，

当下是没有问题的，

没有障碍，也没有挫折。

既然这样，那为何我会这么看不惯遇到的人和事呢？

因为问题不是在当下产生的，

是过去的事情造成的。

自己的过去经历了什么，

都会在当下反映出来。

那未来是什么？

未来是当下的延伸，

当下是全新的开始。

25

我想控制感受，

不去感受我不想感受的。

然而感受是不受控制的，

越是控制，就越痛苦。

想控制又控制不了，

于是发火、生气、对抗，

这是因为我们需要爱，抗拒痛。

要学会去接受发生的一切，

信任所发生的一切。

我们需要爱，抗拒痛，

随着感受去感受，接受一切，然后放下。

在当下跟随生命的指引，

去向自由之路，

活在无限爱中。

26

金钱是什么，

金钱是力量，是能量，

是流动的，是有知觉的。

想到钱时，

看到钱时，

是什么感受，

有什么样的意识？

创意越多，金钱越多，

创造越多，金钱越多，

创新越多，金钱越多。

要知道，

你用什么态度对待金钱，

金钱就以什么样的方式来对待你。

想有钱，

每天要不断地问自己：

我能为家庭与社会创造多少价值？

我有多少创意？

我有多少创新？

我有多少创造？

27

如果总是想着不被理解，
别人就永远没有办法理解。

如果总是想着不值得被爱，
别人就永远没有办法给你爱。

如果总是感到自卑，
别人就给不了你自信。

想要被理解，
渴望得到爱，
希望变得自信，
需要自己去觉察与追求。

没有任何定义可以描述自己，

真正的我，

也没有绝对的正确与错误。

我们有时抗拒，有时顺从，

这都是成长的标志。

自己就是自己，

任何人、事、物都不能代替。

28

~~~~~~

假如无论如何我都是安全的，会怎样？
我会勇敢地尝试一切可能的事情。

而很多时候，
我们在做事之前已经假设了自己不是安全的，
所以处处受限。
于是处处都是挑战。

假如我心里有充分的安全感，会怎样？
我不会再证明给别人看；
任何外在的事物都打扰不了我；
所有的标准都会失去意义。

我们若是朝着积极的方向假设：

假设世界很精彩，会怎样？

人生如果没有分离，会怎样？

人生从来就没有失败，会怎样？

人生处处充满爱，会怎样？

那么，我们是不是可以活得更畅快、更有爱！

29

〜〜〜

爱是唯一的答案，

任何的问题都可以用爱来解决。

当事业遇到了问题，

问一下自己：心里有没有工作；

当婚姻遇到了问题，

问一下自己：心里有没有对方。

一切都是爱，

爱决定了事物和自己距离的远近。

如果心里装着天下万物，

所有的一切都会爱你。

要勇敢地打开心门，

爱每一个人，

爱发生的每一件事，

爱身边的环境，

命运就会开始改变。

爱是深情的眼神，

是用心的倾听，

是张开双臂的拥抱，

是每一个当下用心的陪伴。

30

在面对难过、困难的事情时，

我们总是习惯于逃避。

但永远也逃不掉，

因为它们是自己的内心不接纳的部分创造的。

只有在内心接纳自己不能接纳的，

才会轻松面对外在的困难。

接纳我们不能改变的事，

就是在改变自己。

31

对于幸福、自由、金钱、健康与死亡，

每个人的看法与对待方式都不一样。

所以不能将统一的社会标准用在不同的人身上。

随着我们的经历变得越来越丰富，思想越来越深刻，

看法就不再是固定不变的，

一切就开始转变了。

成长起来吧！

让世界为我们呐喊，为我们助威。

32

之所以不敢冒险，

是因为没有感受到爱。

之所以不敢突破，

是因为没有感受到自由。

当一个女人感受到爱，

可以不顾一切地鼓起勇气和这个男人相爱。

有很多伟大的艺术，

是因为创作者感受到了自由才创作出来的。

无论做什么，

在什么地方，

无非都在寻找自己、寻找爱与自由。

所以，今天唯一要做的是感受自己，

感受到爱，感受到自由。

33

100年前我还没有出生，100年后我不会在现实中陪伴你。

我们的相遇就在这100年内发生。

宇宙的诞生到现在有好多好多亿年了，以后还会有好多好多亿年，算算我们的相遇是多少亿万分之一的概率？是多么的难得，多么大的缘分。

有时候，为了得到更多，我们会忘记最重要的东西。

比如，我们现在还可以体验着精彩的世界，我们可以有意识地活着，会遇见各种各样的人、事，这些不都是一种恩赐吗？

有时候我们会抱怨，怎么会遇见了你？

有时候我们会难过，怎么这种事发生在我身上？

有时候我们觉得自己是全世界最不幸运、最不受别人喜欢的人。

当我们回头时才发现，是这些时刻，让我们有了重新认识自己的机会，让我们懂得了反省，这些时刻是我们生命中最重要的时刻。

活着，每一刻都是恩赐，

能成为有意识的人就是恩赐。

其实，我们的相遇及发生就只有这一刻，也无法再重新演绎得一模一样。

一瞬间，成为永恒，

其实此时此刻就是永恒，

此时此刻就是生命的全部，

活在此时此地就活在了永恒之中。

34

只有当下才真实，

和谁在一起都是一样的重要，比如和自己在一起，和最爱的人在一起，和朋友在一起……

但如果不在当下，和谁在一起都不重要。

每一件事都一样的重要，

工作、赚钱、经营家庭、带孩子、玩……都一样的重要。

但如果不在当下，做什么都不重要。

身体的每个部分都一样的重要，

心、肝、脾、肺、肾……

但如果没有连接，都不重要。

每一刻都一样的重要，

放松、紧张、幸福、难过、伤心、开心、挫折的

时刻……

但如果不在当下，都不重要。

在哪里都一样的重要，

家里、旅馆、国内、国外……

但如果不在当下，都不重要。

离开了当下，

才有了虚幻，

当下才是真实的，

这一切都是当下的延伸，

当下即是万有。

在当下就超越了一切虚幻，

活在了真实的世界，

活出了真实的自己。

当下即是自己，

当下是一切，

当下即是觉醒。

不断问问自己：是什么阻碍着自己活在当下？

深入地自省，直到活在当下。

35

匆匆忙忙地追寻，

寻找到之后呢？

人们总是渴望成功、渴望实现梦想，当梦想实现、事业成功后，接下来呢？

再一次追求更大的成功、更多的金钱、更大的梦想……

很多时候就这样过了一辈子。

这是很多人以为的意义，

其实这只是社会定义的规则。

觉醒是什么？

觉醒是超越这些规则的。

当不再追寻，不再寻找，那怎么办？

当不再追寻，不再寻找，知道自己是一切时，就知道了什么是觉醒。

其实自己就是梦想，

自己就是世界，

自己就是一切。

当知道自己就是一切时，

就可以好好地体验当下，

这就是从梦境中醒来，

就是觉醒。

36

音乐好不好听，

取决于谁在听。

钱好不好赚，

取决于谁在赚。

事业好不好做，

取决于谁在做。

快不快乐，

取决于自己的心态。

一切的答案都是——我是谁。

知道了我是谁，

就不会再受到外在世界的影响，

就认清了自己的本性。

37

≋

每一个人都有他自己的生活，

别人过的生活不是你想过的生活。

当你想让别人按照你的标准来生活，就会有矛盾和
冲突。

我们每个人都有很多无意识的需求和期待，并会把它
投射出去。

而另外一个人也能接收到这些无意识的投射，所以就
出现了很多问题和挑战。

当我们没办法照顾好自己的时候，就会责怪别人，是
你让我的生活变成这样的。

如果每一个人都能安排好自己的生活，生活就会变得很有规律，很有节奏，也不需要让别人担心和操心。

最重要的是，
你要思考自己想要什么。

把你想要的东西规划好，去采取行动，当每个人都能满足自己，安于当下，生活会变得轻松自在。

问问自己：
对我来说什么最重要？
人生的目标是什么？
人生的意义是什么？
我的兴趣是什么？

把自己的价值发挥出来，
达成自己的目标，
实现人生的价值，
成就美好的人生。

38

〰〰〰

有的人说，

人生是一场游戏。

为什么会有那么多人痛苦？

因为他们在游戏之中，不了解规则，却一直想在游戏

中胜出。

可谁能在游戏中胜出呢？

常言道，久赌神仙输，

有的人可以赢一次、两次，

却从来没有人能赢一辈子。

痛苦是因为这些人活在虚幻之中，

人终其一生都想摆脱痛苦，

却很少有人探索人生为什么会有这么多痛苦。

当有一天了解了真相，

就克服了所有的苦难，

真相——凡是痛苦的都是虚幻的，

只有爱、喜悦、平静才真实。

有的人不再追寻，

只是体验每一个当下，

就超越了游戏规则，

活在了真实之中，

活在了爱里，

活在自由之中。

愿天下所有人，

都活在真实之中，

活在爱里，

活在全然的喜悦中，

活在自由中，

活出精彩的人生。

39

世界上所有事情的出发点都是爱。

爱就在这里，

不是替谁盲目承担了、负责了、出头了就叫爱，

那是无知、自大的表现。

爱就是这里，

允许一切发生，

尊重一切的发生，

敬畏一切的发生，

并深深地祝福这个世界越来越好。

40

～～

　"看"会产生比较，当有些人看到别人光鲜亮丽的时候也想让自己变得那样"光鲜亮丽"，然而这种"看"并不真实，因为他们并不知道这个"光鲜亮丽"背后的故事及感受。

　当看到别人吃大餐时，有些人并不知道这个大餐的滋味，出于好奇想要品尝一番，但当自己品尝时，才知道原来自己还是喜欢吃粗茶淡饭。

　所以，不要盲目地跟从别人的脚步，要去感受自己喜欢什么，自己需要什么，自己想要什么，当下渴望什么。如果当下想喝一杯咖啡，那么喝到一杯咖啡就是幸福，如果当下想坐一会儿，那么坐一会儿就是幸福。

只有自己才能知道自己是不是幸福的、快乐的、自由的。生活是无法复制的。自己感觉想走的路才是光明大道，也是幸福之路。

41

如果没有办法体悟自己的感受，
就没有办法得到真正的幸福。

当我们一味地逃避自己的感受时，
其实就是在逃避自己的改变，
逃避自己的愿望，
逃避真正的幸福及自由。

当感受自己的感受时，
富足、轻松、自由随之即来。

42

痛苦来自对外在的关注，

当你把注意力从外在转移到内在，

随之而来的就是轻松自在。

当你关注外在时，

外在是一个二元对立的世界，

难免会有对抗矛盾，

所以自己就会有矛盾和痛苦。

当关注内在时，

关注点主要在自己身上，

没有对抗，没有矛盾，

随之而来的是自由、轻松。

外在的世界是自己思想的投射，

是眼睛能看到的地方，

耳朵能听到的声音，

是可以衡量的，

是有限的。

内在有无限的知觉，

有无限的能量，

虽然不能看见，

但可以感受到。

43

世界上只有一个你，

你不在了世界也不在了。

你在，什么都在，

你不在，什么都不在。

有时候和外在的世界对抗，

就是和自己对抗。

接纳了自己，

就接纳了世界。

你对别人大方，

别人也会对你大方，

所以，对别人大方就是对自己大方。

如果你喜欢自由，

自由也会喜欢你。

如果你爱你自己，

那你周围的一切也会爱上你。

世界爱你的唯一方式，

就是你爱上了自己。

44

〰〰

有时候一无所有，

其实也是拥有了一切。

有时候，

人生的烦恼是因为拥有的太多，

而大多的烦恼是来自一件事一件事地发生，

如果这些事情都不发生就会有一种轻松的感觉。

有时候，

拥有只是为了体验，而后再放下，

放下才是真正的拥有。

给予是打开心门，

来接收更多生命的礼物。

45

经常问问自己，

今天接收了什么。

有的孩子，

上一秒还无精打采的，

下一秒看到新奇的东西，

浑身立马就充满能量，

因为他接收到了新的能量。

所以要常常问自己：接收到了什么，

那才是你需要创造的，

也是已经创造好的结果，

而不是该做什么，必须做什么。

46

匆忙追求的人们，

都是思想的推动。

很多时候我们的行为，

都是来自无意识的念头。

是无意识的念头，

拉着我们东走西逛，

越是这样，能量就越低。

就像有些疾病都来自无意识的念头。

面对它们的最好方式，

是让自己安静下来，

进而让无意识的念头也安静下来，

当无意识的念头安静下来之后，

再重新输入一个健康的思想。

经由每天重复的过程，

直至活出一个健康、自信的人生。

47

≋

当不想感受自己的感受、自己的情绪时，

才会用外在的人、事、物来引发自由的感受，

如买个包，吃个好吃的，逛逛街，谈个恋爱，等等。

当我对外在的世界关注更多时，

关注自己便少了。

有时候看似拥有了很多很多，

那不就是用自己交换得来的吗？

你是如此的完整，

你是如此的富足，

你是如此的幸福，

你是爱，

你是光，

你是力量。

当你以为你不完美时，

才去追寻完美。

当你难过时，

就会想要寻找幸福。

带着恨是找不到爱的，

带着黑暗如何找到光明呢？

48

每一个人的生命经历，

都是独一无二、无可替代的。

所有的发生都是一种遇见，

是为了遇见更好的自己。

去欣赏、感恩自己的经历，

你就是这些经历发生的主体，

你的脸上、心里、身上都有这些经历的印记，

用欣赏的眼光看待过去、现在、未来的一切经历，

就是对自己最大的爱和理解。

49

有时候，会想，

等我长大了、结婚了、成功了或是有钱了，一切就会变得不一样了，而我也不是如今的我了。

可不管怎样，你就是你，你还是你。

你只是不喜欢当下的想法，不愿接受当下的情绪，觉得每天重复一样的行动没有意思。

如果不喜欢就放下旧有的习惯，

鼓起勇气突破自己的边界，

活出精彩的人生，

为自己的世界带来不一样的体验。

同时别忘记照顾好自己，

倾听自己内心的声音，

相信一切的经历都是命运的安排。

你就是你。

50

有些人总是会问：

我能为世界创造什么？

我们能为世界创造什么？

但探索之后，你会明白：

原来创造的根本就是你自己，

如果你快乐，

也会引起身边的人快乐，

如果你富足，

也会带领身边的人富足，

你健康，

也会向身边的人传达健康的理念。

所以，

你要做的就是做自己。

做好自己就是为世界做贡献。

所有一切都充满爱，

将自己的事情做好就是在装点世界。

让我们一起创造全新的自己吧！

51

～～～

有的占有会让能量流失，会让自己膨胀。

而有的放手，则会让能量涌进来，让自己放松下来。

一些放不下的，

会以更沉重的方式来结束。

学着让自己放手，

让自己放松，让自己放下，

自然地应对一切，做全新的自己。

52

~~~

如果我们看不见自己，

也无法看到真实的世界。

如果我们不倾听自己的声音，

自己就会变成世界的噪声。

每个人都在影响着另外一群人，

或影响着身边的世界，

没有人能不影响这个世界。

我们要做的就是去端正自己的行为，

调整自己的态度，

真正地做好自己，去影响这个世界。

自己好，

世界才会好。

53

任何事情的发生都是生命的邀请，

你可以抗拒，

但却无法改变，

既然无法改变，

那就对所有的发生都敞开心扉，

欢迎一切的发生，

面对一切的发生，

因为那是生命的恩赐。

54

水流不会因为感动而哭泣，

山河不会因为崩塌而难过，

远方不会因为没有人到达而失望。

一切存在，都有其特性，

对于个体而言，

一切都是那么美好，

没有谁必须依附谁才能存活。

对于人来说，

都是独一无二的，

没有谁比谁更重要。

每一个存在都是那么的独特，

这一切组成了一个圆满的世界。

55

$\approx$

你不是不开心，

你只是有了不开心的经历。

你要想的是如何才能不去重复不快乐的经历，

其实你内心深处知道未来只是过去的延续。

突破旧有的模样、旧有的习惯，

才是当下最重要的决定。

如果没有活在当下，

没有开悟，

不能深切地感受人生，

任何发生都有局限性。

看看当下想要什么，

冲出固定的模式，

解放自由的人生。

如果你能像欣赏电影一样去欣赏自己过去的人生，

就是活在当下。

56

很多人只想过得到，从未想过要给予。

什么是给予？该如何给予？

给予是生命的流动。

从某个程度来说，

那些人只是想着守着自己的领域不断索取。

这种对生活的态度，让其忘记了世界。

花草树木，日月星辰，山河大地，

没有定义，

都在滋养服务着所有的一切。

只有超越自我，

才能去贡献、服务和给予。

只有超越恐惧，

才发现一切都是爱。

这是生命及生活的开始，

是无限喜乐、无限的爱的开始。

57

哪有什么外在和内在之分。

对镜子来说，
它只是在那里映照着一切。
自己不在镜子的里面，
在镜子外面也找不到自己。

对于人而言，
也没有内外之分，
就像镜子一样映照着外面的一切，
到哪里都找不到自己，
就只是存在，
什么都是我，
什么都不是我。

我不在一切都不在，

有了我才有了世界。

我是世界，

世界是我。

58

～～～

如果不知道未来是什么样的，
那就专注在当下。

如果不能改变过去，
那就放下它，让它过去。

如果想要，
那就努力争取。
如果努力也得不到，
就去享受，用轻松的态度来面对。

如果别人讲的都听不进去，
那就听从自己的内心吧！

59

我们拥有的，

都是朋友、老师、父母、上天恩赐于我们的，

那么，我们为何舍不得放手？

我们拥有的都是别人给予我们的，

我们给予别人的也都是曾经别人给予我们的。

痛苦来自拿着别人的东西不舍得放下，

得不到是因为舍不得腾出手来拿更好的。

放下期待，体验精彩。

放下占有，才能拥有。

放下索取，成就自己。

60

~~~

在不同的环境，感觉到不一样的存在。

当看着太阳照着湖水散发着金光时，觉得自己就是一
个诗人。

当看着和柳树对应的河水时，觉得自己是一个垂钓者。

当坐在石头上，觉知着一切存在，花草树木、鸟鱼虫
兽，觉得自己只是整体的一部分。

当看到树叶落下，鱼儿被垂钓者钓上来时，我知道我
活在生命之中。

不同的地方造就不同的我，

不同的当下有不一样的反应。

我们每一个人都是一个奇迹，都是创造的源头，也是

活在自然之中，活在生命之中的人，可以觉知到一切的存在。

我就是我，自由自在的，无限流动的，世界在心中才是真的我。

61

～～

从镜子中能看到真实的自己吗?

如果从镜中能看到真实的自己,

只需要换一个漂亮的镜子就可以度过人生了。

如果不能从镜中看到真实的自己,

那什么是真实的自己呢?

人只有通过外在才能映照出自己的内在有什么,是什么。所以通过外在映照出的,是自己真实的状态、想法、感受。

当外在的一切都能引发你的深思时,你才能看清楚外在的一切,才是活在真实之中,也是活在全然的自由、幸福中。

62

有时候你会觉得生活没有什么意思，吃饭、睡觉、上班、下班……循环往复，很无聊。

所以开始期待着，如果不上班就好了，如果生活有很多奇幻就好了……

但现实恰恰相反，我们需要上班，而生活也并没有太多奇幻故事的发生。

所以我们要学会接纳自己，接纳当下的一切，而你也会从中发现生活中的小美好，那生活自然而然会变得有意思。

接纳当下，不管在哪里都会变得有意思。

63

~~~~

只有有救人之心，自己方能得救，

只有有成全别人美梦之心，

自己的梦想才能成真，

只有有爱人之心，自己才能被爱。

　　每个人的擅长、特色都不同，每个人的贡献也不同，都没有关系，因为不管以什么方式去为别人祝祷、为别人祈愿，最终幸福自由的人都是自己。

　　如果人人都以自己擅长的方式来贡献社会，社会将和谐发展。如果夫妻之间、家人之间都相互地祝福彼此，家庭会幸福美满。如果同事之间都相互支持，共同信任，公司将蒸蒸日上。

64

～～～

现在很多人比较重视实践而排斥理论。我想说的是，理论很重要。不懂理论很难找到实践的正确方向，没有理论的实践也是盲目的实践。

理论之所以重要，是因为理通则法通。

同样地，实践也很重要，它能看出你内在的品质是坚定的，是热情的，是有力量的，还是软弱与彷徨的。如果你能持续地实践就代表着你很有决心，并不是随便说说，那你很容易到达彼岸。

如果理论与实践结合起来，那目标很容易达到。

65

～～～

当下即是未来，

我们总是想，

先处理一下别的事，

一会儿再学习。

先刷一下朋友圈，

一会儿再工作。

先看一下电视，

一会儿再睡觉。

可谁知，

到月底，才知道自己的业绩不如预期。

到生命结束时，才感叹人生虚度，追悔莫及！

当下没有全神贯注地工作，

未来不会有优秀亮眼的业绩。

没有接纳当下，

明天也不会改变。

晚上决定早上，

年头决定年尾。

当下即是全部，

当下即是未来，

世界不会因为期待而变得更加美好，

人生不会因为期望而与众不同。

世界就在当下，

千里之行始于足下，

当下即可主宰未来。

66

你不是一个独立的存在，
你身边有各种各样的人。

不管在生活、家庭、事业等方面，
你都不是一个单独的存在。

想想看，
在团队中，
如果你能斗志昂扬地充满正能量，
你会影响身边的每一个人，从而使他人都充满力量。

如果你在家庭中扮演好一个积极的角色，家人也会被
你带动。

不管在任何时候、在任何环境下，

和任何人在一起，

你都要控制自己的行为、情绪和思想，

因为你的行为可以影响他人。

即使生命结束，

你的能量和影响也是无限的，

因为你的意识将无限延伸。

请尊重自己，

请尊重身边的人，

请对世界充满关爱，

对你来说，放纵自己会带来无限的伤害。

爱自己，爱世界，

是我们有限的生命唯一的责任。

67

有人问我什么是对自己负责，

对自己负责就是知道自己是谁，

不管在哪里都能照顾好自己，

都能做好自己当下的事情。

当有事情发生时，

自己可以面对和处理当下的处境并安然地活在当下。

很多人一直在追寻终极的自由及喜悦，到最终才发现

那些并不在远方。

如果你一直生活在被说教、被对比中，

那你只会想着逃离与对抗。

慢慢地你会发现，

不管到哪里你都找不到自由的感觉。

无论怎么努力都有达不成的目标。

因为过去的经历一直在你脑海中，

不管你走到哪里，

指责、批评，一直都在。

刚开始你也许会很生气，"为什么这么多不好的事情发生在我身上？"

但慢慢地，你会发现，

自己真正想要的是什么。

所以，从现在开始，

照顾好自己，对自己负责任，他人的指责其实不算什么。

用心面对发生的事情，

从发生的事情中反省自己，觉察自己。

慢慢地，

你会发现，以对自己负责的态度面对一切，

无论在哪里，

你都可以感受到自由。

68

我想问，

每天关注微信、关注工作、关注聚会、关注家庭的你，

有多少时间是关注自己的？

每一个孩子都需要得到关注和陪伴，

随着年龄的增长，

孩子变成了成年人，

要为家庭去奋斗，

要为人生去奋斗，

因为其想通过这样的方式证明自己的价值。

可他看似长大了，

其实内心还住着一个孩子，

他需要陪伴和关注。

人生不只是外在的世界，

当然外在也很重要，

不论是家庭、事业、财富等都很重要。

不管寻找什么都不要失去自己。

如果失去自己去寻求这些，

到头来就会得不偿失。

如果工作、照顾家庭的时候还做不到将自己放在重要
的位置，

那至少每天和自己待一会儿，

陪伴一下自己。

让自己轻松一下。

69

∿∿∿

每个人在内心深处，

都知道什么是对自己重要的，

可往往并没有按照内心深处知道的来做。

人生不长，

别留下遗憾。

把自己的能量，全神贯注地、热情地、全然地表达
出来。

你的每个行为、每个动作、

每个情绪、做的每一件事……

都会给社会带来影响。

所以要做好自己。

要去爱每一个人，

因为一旦分开，

就不知何时再见。

要热爱做的每件事情，

因为它是我们的一部分。

要和万事万物去连接，

因为它们都有生命，

也都值得被尊重。

要去感谢一切的发生，

因为是这些发生的事情使我们的生命完整了。

要不断地发现，

因为有太多太多的感动就在身边。

只要热爱身边的一切，

人生就不再有错过，

也不会有遗憾。

70

有的人，

总觉得别人做错了，

总喜欢对别人指手画脚，

总想在别人面前显示自己，

总认为人们都没有成长，

总认为别人很虚假，

总认为世界很乱，人们都被金钱、名利所迷惑……

可当他回头看看自己的样子，

看看镜中的自己，

却发现自己已经变成自己看不惯的、讨厌的模样了，

本来那个平静的、乐观的、有爱的自己不见了。

这个世界上哪有外在？哪有别人？

一切都是心灵演化出来的。

别人也是自己，外在也是内在。

爱别人就是爱自己，

关注内心就是关注世界。

同样，

爱自己就是爱世界，

关注世界就是关注内心。

71

总是在分离时才发现还有很多眷恋，
总是在失去时才发现拥有是多么幸福，
总是在结束之后才发现没有全力以赴，
总是在回头时才发现还有很多感动。

生命在每一个当下，
是每一个当下连接起来的组合。

没有在哪是美好的，在哪是不好的。
没有在哪是自由的，在哪是不自由的。

每一刻都值得感恩，
每一刻都是完整的一部分。
只有活在每一刻，才不会错失美好、幸福。

所以当下的生活是幸福的，是喜悦的。

全然接纳，活在当下，
若在当下，自然伟大。

72

我们每个人既是世界本身，也是世界的一部分。

我们每个人既是一个整体，也是整体的一部分。

人与世界的关系就像水滴与大海的关系，

如果没有每一滴水，也不会有大海。

对于家庭，我们既是家庭的一部分，也是家庭的全部。

作为一部分，我们不能强求谁，要学会接受。

同样，作为家庭的全部，我们也要做好自己。

接纳自己，活在当下，就是改变世界。

73

无论多大的事都是由一件件小事组合而成的。

无论多难的事都是从简单的事演变而成的。

无论多远的距离都是从当下开始的。

所以，

生活再无距离，因为你处在当下。

生活无大事，因为你愿意从小做起。

生活无难事，因为你愿意从简做起。

74

如果有答案，就不用再去冒险。

如果有结果，就不用再去创造。

如果有注定，就不用改变了。

一切还没有注定，就等你去冒险、去创造。

75

给自己一些空间，让自己成为自己。

再听听自己对外在的看法，听从心的指引。

每个人的内心都有很多声音，有好的，也有不好的，但很多人为了想让自己在众人面前看起来更好，一直压抑着那些不好的声音。

随着时间的推移，被压抑的这部分的能量越来越强，最终会导致很多冲突。

看似光鲜亮丽的背后却隐藏着泪水，

看似激情澎湃的背后也隐藏着无奈。

所以，去倾听自己内心的声音，

让自己成为自己。

76

〜〜〜

当放下占有的想法时，自由的体验才刚刚开始，幸福的人生才会到来。

当放下期待的感受时，当不再把期望投射到外在世界时，才能真正地拥有无限的喜悦。

当放下过去旧有的习惯时，无限的创造力才开始发挥。

当放下控制和怀疑时，才能拥有真正的自由。

77

从镜子里可以看到自己的长相，

从伴侣身上可以看到自己的需求，

从孩子身上可以看见自己的灵魂。

从事件当中可以看到自己的经历，

从追求当中可以看到自己的缺失。

外在的一切都是你内在的映射。

78

〰〰

有没有发现，

心情不好时，

所有不好的事情都会找上门。

心情好的时候，

一切好事会主动到来。

当顿悟了，一切都平静了。

所有的这一切都是由心幻化出来的。

幸福就在心底，

心底就像海底，

不管海面上有多大的风浪，

下面都是安安静静的。

人心最深处是平静的，
如果能不以物喜，不以己悲，
那就是终极的幸福。

79

〰〰〰

走了那么久才知道路就在脚下。

追求了那么久才知道幸福就在身边。

探索了那么久才知道知也无涯。

如果你有爱，

你看到的、听到的、感觉到的一切都是爱。

如果你是喜悦的，

看到、听到、感觉到的一切都是喜悦的。

80

每个人都是自己人生中的导演与演员，

你要如何导今天的人生呢？

如何演今天的生活？

如何对待过程中的每个细节？

会不会为了"票房"去演绎别人喜欢的人生？

而你自己又喜欢什么类型的影片呢？

每个人都在自导自演这一部命运题材的电视剧，

有的人投入了角色，

有的人只是为了生活应付着表演，

有的人真的在主导自己的人生。

有些人会站在商业角度去分析，

有些人会站在生活的角度去理解，

有些人会站在历史的角度去评论。

一部戏,

先有了中心思想才能更好地去导、去演。

你的中心是什么?在哪里?

中心就在每个人心中。

在心中有价值的戏份才会是自己真正的生命演绎。

81

想法会让人们产生行为，

行为在创造着结果。

有些人创造了很多东西，

但并没有因为创造而变得轻松和快乐。

如果创造物质让我们很辛苦，

那就要反思，看看我们创造这些物质的初衷是服务众

生还是为了满足自己的欲望？

结果会检验你的初衷是正向的还是自私的。

如果我们的初衷是为了自己的欲望，

我们创造的结果只会限制我们的人生。

如果我们的初衷是服务众生，

我们创造的结果就会加大我们的幸福感。

82

～～～

你知道自己不安于现状，
却安慰自己要适应生活，
因而失去了人生的乐趣。

你知道自己对刺激的挑战是感兴趣的，
却说服自己，生活就是这样平淡的，
因而失去了机会。

你知道自己是想突破自我的，
却压抑自己不去行动，
因而失去了勇气。

83

〰〰〰

那时候一家人在一起，
虽然很苦，但很快乐。

那时候团队所有人都在，
虽然不成功，但却很开心。

那时候身心是合一的，
虽然有点傻，但却很满足。

那时候我只有一个梦，
虽然还没有实现，但很欢喜。

那时候我们一起上课、下课，
现在上班、下班，

虽然形式差不多，

但幸福少了些。

因为曾经我们在一起，

现在却分开了。

那时候还在妈妈的怀抱里，

享受着爱的滋养。

现在长大了，

却一直在寻找爱的真谛。

愿我们的成长、成熟、成功，

可以让这个世界上的所有人都感受到心与心相连。

即便不在一起，

也相互惦念彼此。

84

假如不会死亡，

你将怎么过现在的生活？

有的人认为，

人一天天地老去，该享受就享受，

做一些事不要太在意结果。

而有的人，

压抑了很多，

只是想让身边的人对自己有一个好的看法。

忍受了很多，

只是想证明一下自己也是可以的。

坚持了很久，

才一步一步地走到现在。

无论是你还是他人，

其实都没有错。

85

问问自己什么时候最幸福?

什么时候最自由?

你会惊喜地发现,

那个时候的你不是完成了什么目标,

而是在表达着爱,

或是内心感受着爱。

86

～～～

生命，向着阳光才能五彩斑斓。

可以去看一下花朵，
每一朵的绽放都离不开阳光的抚慰。

所以必须面向太阳全力以赴，
绽放灿烂的笑脸。

人生来的目的与使命，
就是活出全然绽放、光彩夺目的人生。

87

～～～

万事万物都在和谐地运作着，

人们可以很好地享受当下的每一刻时光，

可以很好地享受、体验着自然万物，

是多么美好。

当一个人可以和空气、太阳、大地自然和谐地相处，

与家人、同事、朋友和谐地相处，

那该多好。

希望每个人的这一天都早日到来。

88

有的人本来对这个世界充满好奇，充满激情，充满
希望。

但慢慢地，开始怀疑这个世界，
对所有的都失去希望。

但我相信，只要心中充满爱，
只要坚持，
终于有一天会重新开始新生活，
重新喜欢周围的一切，
喜欢这精彩的世界。

不管你处在什么阶段，

一定要坚持，

你终将看到和体验到世界的五彩缤纷。

89

对于外在的一切。

如果你认为都是过来对付你的，

那你将永远不会得到快乐。

如果你想快乐和成功，

所要选择的就只有一条路，

就是帮助别人快乐，帮助别人幸福。

90

对于生活，

"我"只是旁观者，

只要求助于"我"，

"我"可以满足你的任何需求。

不管什么时候，

一定记得有个旁观者与你同行。

每个人都是自己，

又是自己的旁观者。

91

不要期待得到更多，

你已经很幸运了。

唯一要做的就是不断地成长，

知道自己就是幸运儿，

感受到自己就是幸运儿。

这就是幸运。

92

真正的幸福并不是外在的成功，

而是对所有发生的事都怀有一颗感恩之心，

对现在所拥有的东西有一份满足及幸福。

93

每一天只追随着本心做事，

祈愿这个世界越来越好，

人类越来越和谐，

家庭越来越幸福，

事业越来越成功，

心灵越来越平静、自由。

94

$\approx$

在整体把握事物之前，先看到部分也是一种方式。

如果心情差，

看看是受哪部分的影响。

就像一个人生病了，

医生先要确认是哪里出了问题。

解决了部分的问题，再去把握整体。

生命也是一样，

照顾到了每一个小部分，

整个生命就有了活力。

95

生命不分高低贵贱，

每一个生命都是完整的，都是独特的。

一块石头、一朵花的、一个人的生命并无差别，

我们只不过是万物之灵，

跟它们相比我们有独立的思考意识。

人类有更高的意识才得以让万物和谐地运作。

凡事都有相反的一面，

当人们不再正向行走时，

往往在创造着反向动力。

所以有这么多的分裂，

这么多的战争。

人类有更高的意识和更高的精神灵性，
所以懂得尊重和关爱那些意识低下的生命。
所以，分裂终将统一，战争终将息止。

人类最大的意义和价值就是和谐一切关系，
帮助那些无意识的事物走向更美好的未来。

96

每个人都想要更多、更好、更高，

这是一场永无止境的追逐，

不知道什么时候是个头。

其实安于现状、随遇而安，

也是一种追求。

精神的、身体的、情绪的贪婪，

已经让一些人处在黑暗之中。

该如何解脱?

未来该何去何从?

找到心中的信仰,

才是我们唯一的出路。

97

同行的竞争，

只有更符合人民的利益，利众生者才能生存下来。

同性竞争，

只有内外品质更优秀、更卓越，才不会被淘汰。

异性竞争，

只有坚持得更长久，更愿意付出者，才会被对方认可。

同事竞争，

只有更热爱这个岗位的人，才能展示才华，创造奇迹。

生命的竞争，

物竞天择，适者生存。

只有不断地突破创新，发挥自己的潜能，才能更好地延续生命。

98

人生最大的伤痛根源，

就是逃避。

如果夫妻相处不愉快，

第一时间觉得离了婚换个人就幸福了，

其实很多经历过的人都知道，旧的婚姻模式还在重复。

工作不喜欢，

第一时间觉得再找一个就会好，

其实很多时候，旧的工作模式还在重复。

逃避只会让你的内在一直重复着曾经的伤痛。

只有当我们直面挑战时，

才会有更多的选择，

否则重复的会一直重复。

99

一切从平静中来，

也回归到平静中去。

所有遇见的人、事、物都只是经过。

就像经过一条马路，

路边有各种风景，

当走到路的尽头会发现，

一切出现在眼中的画面都是美好的。

越是开放，越是精彩。

越是接纳，越是丰富。

100

在人生的路途中，

我们都会经历分离的伤痛，

财产的分离、伴侣的分离，

谁是主导这场分离伤痛的导演?

——自己。

在生活当中，

有好坏之分；

在家庭当中，

有对错之分；

在工作当中，

有得失之分、你我之分、真假之分。

这就是分离的全部。

外在会造成分离，

因为外在对事物的定义不同，

每个人的经历也不同，

因此就会有你我之分。

往里看，向内看，

我们都是不可分割的整体。

任何的分离都是自我的分离，

任何的评判都是自我的评判，

任何的伤痛都是由自我主导。

在当下接受一切发生，

一切发生都是圆满的一部分，

抗拒是不接纳圆满的表现。

101

〰〰

信任是什么？

我们往往会相信自己所看到的、听到的以及自己的感受，这是相信了自己的标准和自己看待事物的能力，并没有真正地看到外在的世界，所以你相信的是自己。

而信任不仅是相信自己，
同时还要相信外在的发生。

信任总是在了解外在和内在时，
才会真正地发生。

102

生活有什么意思？
到底有什么意思？

来来去去，变化无常，
来了又会走，走了还会来。

有什么好执着的？
痛苦是为了让你放下，
快乐也是为了让你放下。

这是生活爱你的方式，
生活告诉你：

你不属于我，

你属于你自己，

你是自由的，

经历的这些痛苦和快乐，

只是想传递给你一个信息，

你是你自己，

你只属于你自己，

你不用屈从于生活，

所以你不要执着于生活。

一会儿对，一会儿错，

一会儿好，一会儿坏，

一下真，一下假，

一下高，一下低，

一会儿在上，一会儿在下，

这是生活的规律。

请你不要跟随着生活，

你比生活强大，

你可以超越生活，

也可以在生活中间自由流动。

你不属于生活，

你赋予了生活意义。

怎么现在你在生活中迷失了自己，

被生活带走了呢？

请你好好看看自己，爱自己吧！

103

一切都在发生着和变化着，

人们被画面影响，

被声音影响，

被天气影响，

被温度、亮度影响，

这些都在无时无刻地影响着我们的心情及生活的状态。

一切都在发生着，

天气一天天地变化着，

从春到秋。

这是自然。

人从生到死也在变化着、发生着，

这是自然，是规律。

日出日落、花开花谢也在变化着、发生着，
这是自然的规律。

血液也在不知不觉地运行着，
这也是自然的规律。

然而，
头脑中的思想也在变化着，
本来人们可以战胜消极思想，
但有的人却被消极的思想牵着鼻子走。
所以郁郁寡欢。

自然的都是生生不息的、创造着的。
要活在像自然万物一样向上、积极的爱里，
不要活在消极的思想里。

要活在当下，
活在积极的状态里。

104

~~~

在一段关系中我们常有太多的期待和需求，

　无意识地会把期待和需求投射到最亲、最爱的人身上，

渴望从对方身上得到满足。

谁没有功课要做呢？

谁没有需求要得到满足呢？

一切争吵、矛盾都是对爱的呼唤，

时间长了就形成了潜意识，

看到、听到就会有本能的反应，

甚至想到对方就会紧张、压抑、难受。

如果生命即是关系，

这是一场错综复杂的关系，

事情的源头都是爱。

所以要放下对另一半的期待，

他只是他，

他有他的生活态度、生活经历及生活经验，

因而形成了今天的生活方式。

你是你，

你有你的过去，

有你的家庭背景，

你的经历也决定了你的生活方式。

你不要再要求对方，

你看见的，

应该是真实的他，而不是你内心的需求，

同时，你也应该知道，

你遇见他，

只是为了成为更好的自己。

今天，我们为曾经的遇见而举杯庆祝。

105

〜〜〜

在我的内在有一个孩子，有一对父母。

孩子的意义是给我力量去成长，

父母的意义是让我懂事和安心，

那我要做的是让父母和孩子相亲相爱，和谐共处。

在我的内在有一个男人，有一个女人。

男人的意义是拓展边疆，

女人的意义是照顾自己及家人的生活，

那我的意义是让男人和女人相互尊重，携手前行。

在我的内在有很多部分，

有过去，有未来，有天，有地，

有月亮，有太阳，有平静，也有骚动。

有力量，也有无助。

我存在的意义能感受到天，也能感受到地。

能感受到力量，也能感受到无助。

我在这所有的中间自由地协调及互动。

这就是我，

这就是真的我。

106

〜〜〜

现在，

每个人更关注自己了，

选择让自己开心的，

放弃让自己不开心的，

于是就组成了自己的圈子，

什么商会、嘉年华、独角兽等，

每个人有了更多的选择，

这里适合于我，

那里更适合于你。

当精彩和丰盛同时发生时，

当内在和外在和谐时，

这又是一场追逐。

这是内外结合，内外兼修。

107

如果能清晰地认识到生命只有一次，
就会对所有的事情多一份接纳。

每一个片刻都是一样的独特且无法重演。

优雅和庸俗有什么区别?
得到和失去之间也没有差别。

108

每个整体都是由无数个体组成的。

日月星辰，山河大地，人文景观，
都属于整体的一部分。

有人来，有人走，
都在来的路上，
也都在走的路上。

有人生，有人死，
都在刚刚出生，也都在走向死亡。

有分离也有团圆，

分离在团圆之后，

但分离后也在期待着下一次团圆。

你和山川近，还是和河流近？

你和分离近，还是和团圆近？

你和成功近，还是和失败近？

你和快乐近，还是和忧伤近？

不管和谁近和谁远，

都别忘记了你是完整的，圆满的。

当都包容、都接纳了，

也就圆满了，完整了。

109

命运就在当下，

在此时此地此刻，

任何的发生都在这个当下，

是当下这个因，创造了未来的结果。

一切的发生和经历，

都是该经历的和该发生的，

如果你知道一切的经历和发生，

都是该经历的、该发生的，

就会释然了。

因为你已经变得有意识了，

开始醒了。

一个机器人是不知道自己什么时候出生，

今天会发生什么事情，

明天会碰到什么样的朋友的。

而作为人是有一定的预知能力的，

能感觉到一切的发生，

都有内因。

如果你觉得这些经历和这些发生是外在因素所造成的，

如你创业失败了，你说是行情的问题，对此你是不能预知

结果的，那么未来这种事情很可能还会重演。

如果你创业失败了，你认命了，觉得这就是你的命，

因此一蹶不振，那么这种失败大概率会招致更多同样的事

情发生。

如果你对此还没有觉知，还意识不到，那一切的发生

和出现都是在帮你变得更有意识，帮你醒来。

醒来，体验才刚刚开始，

精彩才会持续下去，

醒来，奇迹就开始发生了。

110

成长到可以照顾好自己，

才能齐家平天下。

还在跟老爸、老妈要钱花吗?

老婆不在时就叫外卖吃吗?

一个人在外时，关了灯还不敢睡觉吗?

……

内在的情绪是我们最需要修炼的方向。

111

~~~

一个小孩子一般没有太多复杂的意识，

父母做什么，

孩子就会做什么。

慢慢地养成习惯，

就会一直重复这个模式和习惯。

改变头脑当中的意识，

才能改变自己的命运。

要知道自己要什么，

不断地在头脑当中重复自己想要的，

显化就此开始。

如果想改变一生的命运，

先改变一天的命运。

早上就要写下一天完成的事，

如果你不去有意识地设定自己的人生，

就会被过去的无意识所牵引。

112

慢下来，

慢下来，

慢下来，

深呼吸。

社会快速地发展，

地球上可开发的资源越来越少。

不要认为得到的越多就越好，

有可能得到是一种负担。

营养过剩，

就是得到的和你的幸福指数不成正比。

从实体经济到互联网大战，

一方面对我们顾客有帮助，可以让我们得到更多的方便，更多的实惠；

另一方面也助长了我们的贪婪，

以及被无形的能量所掌控着的购买欲。

地球就这么大，

可用的资源已经很少了。

每个人好像都有很大的心理压力，

被利益这双无形的手诱惑得已经没有办法安定下来了。

所以在这个时候，

我们要慢下来。

如果要发挥自己的天赋，理智处理外在的问题，

必须先安抚自己的心，

让自己感觉好起来。

当我们慢下来时，

就不想再开拓外在的边界和资源，

会更好地看清楚身边的一切，

我们每一个人少浪费一点儿、多节约一点儿，

世界的资源就用得更久一些。

也会为我们的子孙后代多留下一点儿。

停止不是倒退，

是为了更轻松地前进。

学习不是无用的，

是为了更清楚地知道什么该做和不该做。

以此说来，

慢就是快！

113

～～～

一天的意义是什么？

一天都干了些什么？

起床、吃饭、工作、带孩子……

起床是为了生活，

吃饭为了身体，

工作为了生活与责任，

带孩子是因为爱与责任。

生病、痛苦、分离会时有发生。

难道这些发生都是无缘无故的吗？

难道好运就和你无缘吗？

——根本不是。

为什么发生这么多的分离、伤痛、疾病？

其实这些发生都只有一个目的，

就是让你调整一下方向，

让你关注一下自己，

让你去活出精彩的人生。

也许这就是一次蜕变的机会，

可以发现全新的自己。

痛说明你还活着，

痛让你更有意识，

痛让你觉醒。

114

〰〰〰

离得太近，

容易陷入片面中、细节中，

离得太远，

就只能看到表面，

不能了解细节。

离得不远不近刚刚好，

可以看到全貌，

也可以看清细节。

关系也一样，

距离太近，容易陷入日常小事中；

离得太远，

就会只记得重要的时刻。

要保持一定的距离，
需要时在这里，
不需要时在那里。

修炼关系的秘密，
就是修炼距离。

115

~~~~~

活着，意味着在体验每一个过程；

活着，意味着每天在变化着；

活着，意味着允许不舒服的事情发生；

活着，就意味着一切皆有可能。

只有活着才有机会，

趁还活着，

活出一个全新的自己。

116

不管在什么时刻，

在什么情况下，

每一分，每一秒，

总有陪着自己的自己，

总有照顾自己的自己，

总有指引着自己的自己，

总有倾听自己的自己。

大胆说出自己的梦想，

说出自己想要的，渴望要的，

即便没有人听得到，

至少自己可以听得到。

不管说什么，做什么，想什么，

背后永远有个自己在倾听着，观看着，感受着这一切，等到时机成熟就会显现出来。

所拥有的一切也都是自己给自己的。

117

一次又一次的失败，

一次又一次的经历，

就为了发现自己，接受自己。

尊重过去的发生，

自己可以在当下选择更好的生活，

而不是让过去的发生决定现在的生活。

对过去的发生有准确的认知，

才能更好地选择自己当下的生活。

118

生命是很脆弱的，

并不像我们想象的那么坚强，

需要我们小心地呵护。

有很多时候我们需要照顾家庭，

照顾身边的人，照顾我们的事业，

照看我们的车子，打理我们的房子。

生命也是一样的，

它也需要我们照料，

也需要我们小心地呵护。

身体会反应出来，

我们是否认真地照顾自己。

身体的疼痛，头脑的混乱，等等，

这些都是由于我们对于身体的无视，

有时候我们会压抑自己的思想，

有时候也会压抑自己的情绪，

有时候当我们感觉不好，

又不敢去表达，

有时候有些事情不想做，

而不得不去做。

这些情况，

都是我们生命的一部分，

如果我们长期不管不问，

那我们的身体就会出现问题，

这也是生命对我们的呼唤。

它在呼唤着，

它需要被看见，被听见，被照顾，被爱及尊重。

外在的世界，

是我们内心世界的投射。

如果我们可以照顾好自己，

世界也会因此而精彩。